食帖
WithEating

孤独的吃吃吃

EATING ALONE

中信出版集团｜北京

图书在版编目（CIP）数据

孤独的吃吃吃 / 食帖番组主编. -- 北京 : 中信出版社，
2019.1（2021.1 重印）
ISBN 978-7-5086-9514-3

Ⅰ. ①孤… Ⅱ. ①食… Ⅲ. ①食谱 Ⅳ.
① TS972.12

中国版本图书馆CIP数据核字(2018)第221284号

孤独的吃吃吃

主　　编：食帖番组
出版发行：中信出版集团股份有限公司
　　　　　（北京市朝阳区惠新东街甲 4 号富盛大厦 2 座　邮编　100029）
承 印 者：鸿博昊天科技有限公司

开　　本：787mm×1092mm　1/16　　印　　张：9.5　　字　　数：20千字
版　　次：2019年1月第1版　　　　　印　　次：2021年1月第2次印刷
书　　号：ISBN 978-7-5086-9514-3
定　　价：65.00元

Enjoy it!

开始享用吧!

目 录
CONTENTS

出版人 / Publisher
苏静 Johnny Su

主编 / Chief Editor
食帖番组 WithEating Channel

内容监制 / Content Producer
张浥晨 Zhang Yichen

运营总监 / Operations Director
杨慧 Yang Hui

策划编辑 / Acquisitions Editor
张浥晨 Zhang Yichen

责任编辑 / Responsible Editor
张浥晨 Zhang Yichen

装帧设计 / Editorial Design
张淼 Zhang Miao

摄影师 / Photographer
冯子珍 Feng Zizhen

插画师 / Illustrator
封面：顾杨帆 Gu Yangfan
内文：冯子珍 Feng Zizhen

CHAPTER 01
懒洋洋的人就不能当大厨吗？

CHAPTER 02
给爱下厨的自己来点挑战

CHAPTER 03

妈妈的味道和街边小炒，真难抉择啊！

CHAPTER 04

不挑食，吃遍四方

CHAPTER 05

大胃王可不是谁都能当的

CHAPTER 06

和剧中主角吃个同款

◉ 本书使用指南
HOW TO USE

描述语 +
料理名称

方便快速了解页面所展
示的菜肴

详细拆解做法

小标题形式，使制作步
骤更具逻辑性与条理性

一些小贴士

在亲自制作的过程中，
料理人总结了不少有帮
助的经验

一股脑儿倒材料就行的　**番茄焖饭**

制作时间
◉ 1 小时

材料
Ingredients

番茄 … 1 个
大米 … 适量
腊肠 … 1 根
虾米 … 适量

做法
Directions

◉ A. 备料
番茄洗净去蒂，在顶部划浅十字刀口（仅
划破表皮），腊肠切丁备用。

◉ B. 洗米
生米洗净，沥干后用手揉搓一会儿，再加
冷水浸泡 30 分钟。

◉ C. 煮饭
将浸泡米的水倒掉，重新添加适量的水^1。
腊肠丁与虾米倒入米中^2，稍稍拌匀。番茄
刀口朝上，整个怼入米中，最后开启电饭
锅的煮饭模式。

◉ D. 搅拌
米饭煮熟后，将番茄沿着十字刀口去皮，
捣碎，与米饭搅拌均匀即可。

---

①番茄本身含有较多水分，在最终搅拌过程中
会使米饭变湿润，因此煮饭加的水需比平时的
量少一些。
②加入豌豆粒与玉米粒口味更佳。

料理展示图

实做实拍，无滤镜，
最直观地了解菜肴

**料理名称
+ 页码**

方便检索，快速找到
你感兴趣的菜肴

番茄焖饭

11

CHAPTER 01

懒洋洋的人
就不能当大厨吗？

很多人不愿意走进厨房的原因是懒。他们认为做菜是一件极其麻烦的事情，尤其是只有自己一个人的时候，下厨很需要时间成本和学习成本。逛菜市场、挑选食材、储存备量、学习食谱、烹饪、洗碗刷锅……罗列完这一系列的流程，已经吓跑了 90% 的宅男宅女。

其实，好吃的饭菜与耗时耗力的制作过程并不等同。本章将罗列最简单、快手、美味的一人食料理，拯救已经吃厌外卖的忙碌学生族和上班族，更是适合在加班后的夜晚和睡懒觉的周末尝试。

一股脑儿倒材料就行的 **番茄焖饭**

制作时间

◉ **1 小时**

材料

Ingredients

番茄···1 个
大米···适量
腊肠···1 根
虾米···适量

做法

Directions

◉ **A. 备料**

番茄洗净去蒂，在顶部划浅十字刀口（仅划破表皮），腊肠切丁备用。

◉ **B. 洗米**

生米洗净，沥干后用手揉搓一会儿，再加冷水浸泡 30 分钟。

◉ **C. 煮饭**

将浸泡米的水倒掉，重新添加适量的水[①]。腊肠丁与虾米倒入米中[②]，稍稍拌匀。番茄刀口朝上，整个怼入米中，最后开启电饭锅的煮饭模式。

◉ **D. 搅拌**

米饭煮熟后，将番茄沿着十字刀口去皮，捣碎，与米饭搅拌均匀即可。

---

①番茄本身含有较多水分，在最终搅拌过程中会使米饭变湿润，因此煮饭加的水需比平时的量少一些。
②加入豌豆粒与玉米粒口味更佳。

番茄焖饭

给早晨一点元气一点甜 甜粢饭团

制作时间

◉ 10 小时 20 分钟

材料
Ingredients

糯米 ⋯ 200 克
油条 ⋯ 1 根
白砂糖 ⋯ 50 克
黄豆粉 ⋯ 40 克
熟白芝麻 ⋯ 适量

做法
Directions

◉ A. 蒸饭
将糯米浸泡一晚后，用电饭锅蒸熟。

◉ B. 制粉
开小火，将黄豆粉放入锅中炒至颜色微微变深后盛出，加入白砂糖、熟白芝麻搅拌均匀，放一旁备用。

◉ C. 裹饭团
在平坦的桌上平铺开保鲜膜[①]，将糯米饭均匀按压至 5 毫米的厚度后撒上拌好的黄豆粉，放上油条，包裹成团即可[②]。

[①]可以在保鲜膜下放置寿司帘，方便饭团成型。
[②]将包好的饭团切成段更利于入口。再撒上一些黄豆粉以及熟黑白芝麻，口味更佳。

甜粢饭团

没有什么比它更下饭 **皮蛋豆腐**

制作时间
◉ 8 分钟

材料
Ingredients

皮蛋 … 2 颗
嫩豆腐 … 1 盒
生抽 … 2 茶匙
香油 … 适量
小葱 … 适量

卤汁部分

水 … 100 毫升
干辣椒 … 2 个
花椒 … 10 颗
八角 … 1 颗

做法
Directions

◉ **A. 备料**

把嫩豆腐盒子底部的四个角各剪一刀①，再将豆腐倒扣在盘中。皮蛋剥皮切小块，放碗里备用。

◉ **B. 调卤汁**

水烧开，将卤汁部分的食材倒入，煮开后放凉备用。

◉ **C. 码料**

皮蛋块混合 1 茶匙卤汁，微微搅拌后②倒在豆腐上。浇些生抽，依据口味淋适量香油，最后撒一些切好的葱花即可。

---

①将包装四角剪开，有助于豆腐被完整地倒出。
②在皮蛋中预先浇一些卤汁，可以防止皮蛋块粘连。如果不喜欢卤汁，只想简单在豆腐上添些生抽，也可用这种办法，只需预先将一部分生抽加到皮蛋中即可。

皮蛋豆腐

菜甜甜，饭甜甜 菜饭

制作时间

◉ **20 分钟**

材料
Ingredients

青江菜 ··· 3 棵
广式腊肠 ···1 根
色拉油 ··· 1 茶匙
水 ··· 1/2 汤匙
盐 ··· 适量
大米 ··· 适量
虾米 ··· 适量

做法
Directions

◉ A. 备料

青江菜洗净去菜头，切小丁，加适量盐后用手轻捏翻拌，腌一会儿。同时大米洗净，加入虾米煮成虾饭。广式腊肠切小丁。

◉ B. 煸炒腊肠

中高火，锅中添色拉油，在油未完全热起来前倒入腊肠翻炒，使油脂出来。

◉ C. 炒菜

待腊肠表面微焦时，把青江菜挤干菜汁放入（保留挤出来的菜汁），不断翻炒，直至香味出来，再倒入水和菜汁，转中小火，盖锅盖焖烧。

◉ D. 炒饭

等青江菜把汁收得差不多的时候，放入虾饭不断翻炒，炒到有一点点锅巴后起锅[1]。

---

[1]最后没有再加盐调味，是因为腌制青江菜的时候用了盐，且虾米有咸味，腊肠也会带来一定的咸味。但仍可根据个人口味喜好，起锅前另外加盐。

菜饭

上学放学路上都想来一个的 **鸡蛋堡**

制作时间

◉ **10 分钟**

材料

Ingredients

鸡蛋 … 3 颗

面粉 … 100 克

水 … 80 克

盐 … 适量

黑胡椒粉 … 适量

辣萝卜丁 … 适量

腊肠 … 适量

番茄酱 … 适量

熟白芝麻 … 适量

做法

Directions

◉ **A. 准备面糊**

水与面粉调成面糊，加适量盐，放一旁备用。

◉ **B. 煎蛋**

准备好铸铁的多孔蛋饺锅，中小火热锅。
在一孔中倒少许的油，磕入一颗鸡蛋，用
叉子或筷子稍稍戳破蛋黄，撒辣萝卜丁、
腊肠、适量盐与黑胡椒粉。底部成形后翻面。

◉ **C. 煎面糊**

鸡蛋翻面后，在另一孔中倒少许油，倒面糊。

◉ **D. 扣饼**

待面糊底部成形，翻面后的鸡蛋也稍稍成
形时，将鸡蛋转移位置，倒扣在面糊上。
待两部分贴合成形，夹出。

◉ **E. 刷酱**

在鸡蛋堡表面刷上番茄酱（根据个人喜好，
也可用甜面酱代替），撒上适量熟白芝麻
即可。

◉ **F. 重复制作**

按照上面的方法，完成另外两个鸡蛋堡的
制作。

鸡蛋堡

金黄焦脆 干煎土豆

制作时间

◉ **12 分钟**

材料
Ingredients

小土豆 ⋯ 2 个
生抽 ⋯ 1/2 茶匙
盐 ⋯ 1/2 茶匙
小葱 ⋯ 2 根

干料部分
辣椒面 ⋯ 适量
花椒粉 ⋯ 适量
孜然粒 ⋯ 适量

做法
Directions

◉ A. 切土豆块

土豆去皮，用滚刀法切块，冷水中浸泡约 5 分钟的时间，后用自来水冲洗 1 分钟[①]，沥干备用。

◉ B. 煎土豆块

中火，热锅热油（油多一些）[②]，放入土豆块，令每一面都吸上油，煎至表面金黄焦脆后，加生抽和盐调味。

◉ C. 撒料

关火，撒上干料部分的食材，微微翻拌后盛盘。小葱切末，撒在土豆块上即可。

①用冷水浸泡与冲洗土豆，可去除土豆内的淀粉，使土豆更脆，也不容易粘锅。
②干煎土豆与狼牙土豆的做法相似，但干煎土豆用油较多，且需将土豆块煎得干脆。

干煎土豆

大口吃肉的满足 肉夹馍

制作时间

◉ 2 小时 20 分钟

材料
Ingredients

五花肉 … 650 克

白吉馍 … 2 块

生姜 … 2 片

花椒 … 10 颗

炖料部分

白砂糖 … 1 汤匙

米酒 … 1 汤匙

生抽 … 3 汤匙

老抽 … 1/2 汤匙

香醋 … 1 汤匙

孜然粒 … 1/2 汤匙

干辣椒 … 2 个

小葱 … 2 根

八角 … 1 个

香叶 … 1 片

陈皮 … 2 片

水 … 适量

干料部分

孜然粉 … 适量

黑胡椒粉 … 适量

辣椒粉 … 适量

大蒜粉 … 适量

熟白芝麻 … 适量

做法
Directions

◉ **A. 煎肉**

整条五花肉洗净。锅中热油，先放入姜片与花椒，后用中火将肉煎至表面微焦。

◉ **B. 炖肉**

将煎过的五花肉同姜片与花椒一起放入电饭锅中，加入没过肉的冷水，并继续添加炖料部分的食材，盖上盖炖煮 2 小时。

◉ **C. 夹肉**

将炖煮后的五花肉用刀与叉子撕碎，夹在白吉馍中[①]，并撒上干料部分的食材[②]，浇上适量炖肉的肉汁，稍稍压实即可[③]。

---

①购买的白吉馍在锅中稍稍煎热即可。

②可依据个人口味再加一些香菜叶。

③白吉馍压实后，可切成小块以便食用。

肉夹馍

苹果片是点睛之笔 **猪排三明治**

制作时间

◉ **30 分钟**

材料

Ingredients

猪里脊 … 250 克

鸡蛋 … 2 颗

面包糠 … 适量

面粉 … 适量

生粉 … 适量

吐司 … 2 大片

生菜丝 … 适量

番茄片 … 适量

苹果片 … 适量

沙拉酱 … 适量

腌料部分

生抽 … 1 茶匙

白砂糖 … 1/2 茶匙

盐 … 1/3 茶匙

高汤 … 4 茶匙

香醋 … 1/4 茶匙

黑胡椒粉 … 适量

大蒜粉 … 适量

做法

Directions

◉ **A. 腌制猪排**

混合腌料部分的食材，将猪里脊切成约 7 毫米厚的肉排片，提前腌制一晚。

◉ **B. 炸猪排**

准备三只碗。碗 A：打散的蛋液；碗 B：面粉与生粉按照 3：1 的量混合；碗 C：面包糠。将腌好的猪肉按照 A-B-C-B-A-C 的顺序裹好后，以中火的热度下油锅炸至金黄，关火，捞起沥油。

◉ **C. 复炸**

再次开火，待油温重新升高后将猪排复炸一次，等表面颜色比第一次更深一些时捞出，用吸油纸吸油后，放一旁备用。

◉ **D. 制作三明治**

将吐司片煎或烤至表面微脆后，拿其中一片涂上沙拉酱，并依次码上生菜丝、番茄片、猪排、苹果片[①]、生菜丝，盖上另一片吐司，对角切开即可。

---

①适当加一些苹果片可以减少猪排带来的油腻感，且青苹果更佳。

猪排三明治

时不时想要偷吃的 **炸薯饼**

制作时间

◉ **15 分钟**

材料

Ingredients

小红薯 … 2 个

淀粉 … 2 茶匙

面粉 … 2 茶匙

水 … 1 茶匙

糖粉 … 适量

做法

Directions

◉ **A. 切红薯**

红薯切成指甲盖大小（约 1 厘米宽）的小块，
盛放在碗中备用。

◉ **B. 码红薯块**

红薯块混合淀粉、面粉、水，稍稍搅拌。
准备一个中号的漏勺，从中心到周围码上
红薯块，使其呈碗状。

◉ **C. 油炸**

锅中热油（油量可没过漏勺），待插入筷
子有气泡产生时，放入盛放红薯块的漏勺
进行油炸。待红薯块稍稍固定，可与漏勺
脱落，再单独油炸约 2~3 分钟，捞出。

◉ **D. 重复制作**

重复以上步骤，炸完所有红薯块，最后根
据口味撒上适量糖粉[1]。

---

[1]红薯本身带有甜度，撒糖粉这一步骤可根据个
人口味喜好保留或省略。

炸薯饼

想要祝你圣诞快乐 **蛋白饼**

制作时间
◉ 1 小时 5 分钟

材料
Ingredients

鸡蛋 … 3 颗
鲜柠檬汁 … 2 茶匙
香草精 … 2 滴
白砂糖 … 30 克
食用色素 … 适量
糖珠 … 适量

做法
Directions

◉ A. 打发蛋白

将鸡蛋蛋清和蛋黄分离，蛋清加鲜柠檬汁和香草精，用电动打蛋器打至有短尖角的硬性发泡程度。过程中分三次加入白砂糖。

◉ B. 裱花

依据自己的喜好用牙签沾取喜欢的食用色素颜色①，将蛋白染色。烤盘上铺好油纸，用带有樱花嘴的裱花袋将蛋白挤出蛋白饼的形状，并撒上糖珠。

◉ C. 送入烤箱

将蛋白饼送入预热到 100℃的烤箱，低温慢烤 45 分钟后取出，晾凉后装入密封罐内②。

---

①也可创意混合多种色素，调出自己喜欢的颜色。
②如果天气潮湿，蛋白饼被取出烤箱后会立即受潮软化，因此需要尽快放入密封罐内。

蛋白饼

滋润又暖心 冰糖黄梨

制作时间
◉ 1 小时

材料
Ingredients

黄梨 … 1 个
鲜银耳 … 适量
冰糖 … 3 颗
枸杞 … 4 颗
纯净水 … 适量

做法
Directions

◉ A. 切梨

黄梨[1]洗净，底部切去薄薄一层，稳固"底座"。顶部切下一个盖子，中间的梨肉用勺子挖空（周围预留约 1 厘米厚度的梨肉），切小块备用。

◉ B. 蒸梨

挖空的梨中放入洗净的鲜银耳[2]、冰糖、梨块[3]，倒水，撒枸杞，中火隔水蒸 50 分钟即可。

---

[1]可根据个人口味选择黄梨或雪梨。黄梨相较于雪梨个头更大，甜度也更高。
[2]鲜银耳口感更加细腻，且无需泡发。
[3]步骤 A 所挖出的梨块其实并不会全部用上，因为梨盅内除了梨块还放了银耳与冰糖。可将多余的梨块与银耳、冰糖一起另外制作冰糖雪梨银耳羹食用。

冰糖雪梨

加点儿小酒，不会醉 **酒糟蛋**

制作时间

◉ 8 分钟

材料

Ingredients

水 … 2 大碗

酒糟 … 1 盒

枸杞 … 适量

小汤圆（小圆子）

… 适量

鸡蛋 … 1 颗

淀粉 … 1 茶匙

白砂糖 … 适量

做法

Directions

◉ A. 烧酒糟

锅中放入水、酒糟、枸杞，大火煮开[①]。

◉ B. 烧小汤圆

在酒糟水中加入小汤圆，微微搅拌，等待小汤圆浮起。

◉ C. 加蛋

鸡蛋打散，沿锅边冲入，并用筷子轻轻搅拌[②]，起锅时加适量水淀粉勾芡[③]，并依据口味加适量白砂糖[④]即可。

---

①酒糟和枸杞的量可依据自己的口味酌情添加。

②如果想要吃到块状的鸡蛋，也可以不用筷子搅拌。

③喜欢清爽口味的话，可忽略勾芡这一步骤。

④也可直接在煮酒糟水时加冰糖代替白砂糖。

酒糟蛋

CHAPTER 02

给爱下厨的自己
来点挑战

适应了利用短暂时间制作快手菜肴的下厨节奏，不如给爱上做饭的自己来点挑战。看似繁复的大菜并非只适合家庭和朋友聚餐，也并非只能出现在饭馆和高档酒店。只要抽丝剥茧地将步骤细化，完成菜肴并不困难。

本章将介绍例如海鲜咖喱、藤椒鸡、奶油炖菜这样的中西式特色菜肴，虽然制作时间可能会长至2~3 个小时，但并不会耗费过多精力，适合心血来潮想要吃顿好菜的人。若觉得一人食负担太重，也可将这些量够足的大菜与亲朋一同分享。

飞往东南亚 **海鲜咖喱**

制作时间

◉ **30 分钟**

材料

Ingredients

大虾 … 3 只

青口贝 … 3 只

蟹味菇 … 100 克

咖喱酱 … 2 汤匙

水 … 1 杯

椰浆 … 1 杯

青椒 … 1 根

红椒 … 1 根

做法

Directions

◉ **A. 处理大虾**

大虾洗净，切去头部，平底锅中倒油，虾头与虾身一同倒入锅中炒至变红，捞出。

◉ **B. 处理咖喱酱**

用炒虾的油翻炒咖喱酱后，倒入虾身继续翻炒。虾都裹上酱汁后，倒入水和椰浆煮沸。

◉ **C. 组合**

青椒与红椒切段。锅中放入青口贝与蟹味菇，等青口贝开口后放入青椒段与红椒段，再次煮开，起锅。最后配合米饭一起食用即可。

海鮮咖喱

抵不住麻辣的诱惑 藤椒鸡

制作时间
◉ 4 小时

材料
Ingredients

鸡大腿 … 1 块
生姜 … 1 小块
料酒 … 1 茶匙
小葱 … 2 根
白胡椒粉 … 适量

汤汁部分

辣椒面 … 100 克
花椒粉 … 100 克
生抽 … 3 茶匙
料酒 … 1 茶匙
大蒜 … 4 瓣
生姜 … 1 小块
花椒粒 … 3 汤匙
藤椒粒 … 3 汤匙
小米辣 … 5 颗
纯净水 … 适量
盐 … 1/4 茶匙

做法
Directions

◉ A. 煮鸡腿

鸡大腿洗净，生姜切片。锅中放没过鸡腿的水、切好的姜片、料酒煮开，直至鸡肉变熟。捞出鸡肉，浸泡于冰水中[①]。凉透后拆骨切成块。

◉ B. 调汤汁

混合辣椒面、花椒粉、生抽、料酒、捣成蒜蓉的大蒜、切成片的生姜、2 汤匙花椒粒、2 汤匙藤椒粒、切成圈的小米辣。冷锅热油，放剩下的 1 汤匙花椒粒与 1 汤匙藤椒粒稍稍炸开后，将油浇在混合的干料上。在料中加适量纯净水，添一些盐，混合成汤汁。

◉ C. 浸泡鸡肉

将鸡肉块浸泡于汤汁中，再撒适量切好的葱花和白胡椒粉，盖上保鲜膜放冰箱过夜。第二天取出，稍稍码肉摆盘一下即可食用。

---

①浸泡在冰水中可令鸡肉肉质更紧实、更嫩。

藤椒鸡

辣腌菜注入灵魂 **小锅米线**

制作时间

◉ **15 分钟**

材料	做法
Ingredients	**Directions**

材料
Ingredients

米线 … 100 克

猪肉末 … 适量

高汤 … 800 克

生抽 … 1 汤匙

蚝油 … 1 汤匙

白味噌 … 1.5 汤匙

大蒜 … 1 瓣

辣腌菜 … 适量

韭菜 … 适量

香菜 … 适量

做法
Directions

◉ **A. 备料**

混合生抽、蚝油、白味噌，调成料汁。大蒜
与辣腌菜分别切末，韭菜切段。

◉ **B. 泡面**

用烧开的热水浸泡米线，至发白发软即可。

◉ **C. 煮面**

用锅烧开高汤（或清水），按照顺序依次
放入料汁、蒜末、猪肉末、辣腌菜末、米线、
韭菜段[1]。煮至米线可被筷子夹断时，起锅。
按口味喜好可再加一些香菜。

---

[1] 在煮面的过程中加入一些卤牛肉片，口味更佳。

小锅米线

一口一块，脆香滋味 **孜然年糕**

制作时间

◉ **10 分钟**

材料

Ingredients

宁波年糕 … 1 条
小葱 … 2 根
生抽 … 1/2 茶匙
盐 … 1/4 茶匙

干料部分

辣椒面 … 适量
花椒粉 … 适量
孜然粉 … 适量
孜然粒 … 适量

做法

Directions

◉ **A. 备料**

年糕切片①，小葱切成葱花。

◉ **B. 炒年糕**

中火，热锅冷油，下年糕片翻炒，煎至表面焦脆，加生抽添色调味。

◉ **C. 撒料**

关火，撒上干料部分的食材与盐，微微翻拌后盛盘。葱花撒于年糕片上即可。

————————————

① 可依据自己的喜好选择年糕片的厚度。薄片年糕干脆焦香，厚片年糕则外脆内软。

孜然年糕

奶油让万物变温柔 **奶油炖菜**

制作时间

◉ 65 分钟

材料
Ingredients

鸡大腿 … 1 块
洋葱 … 1 个
土豆 … 2 大个
胡萝卜 … 半根
西蓝花 … 半棵
黄油 … 20 克
低筋面粉 … 3 汤匙
切片奶酪 … 1 片
盐 … 适量
黑胡椒粉 … 适量

汤料部分

水 … 200 毫升
牛奶 … 500 毫升
浓汤宝 … 1 块
月桂叶 … 1 片

做法
Directions

◉ A. 鸡肉洋葱预处理

将鸡大腿切成适口大小，撒盐和黑胡椒粉略微揉捏后静置待用。洋葱切扇形块状备用。

◉ B. 处理土豆胡萝卜

土豆去皮，切成小块，过一遍冷水。胡萝卜同样切小块，然后将沥干水分的土豆块和胡萝卜块一同放进可微波的碗中，盖上保鲜膜，放进600 瓦的微波炉微波加热 3 分钟。

◉ C. 处理西蓝花

西蓝花切成小朵，放置于可微波的碗中，撒少许水与盐，盖上保鲜膜，微波加热 1.5 分钟。

◉ D. 翻炒食材

取一只深锅，小火加热，放入黄油至融化，转中火，放入鸡肉，待表面煎至微焦后放入洋葱、土豆、胡萝卜翻炒。

◉ E. 煮浓汤

待洋葱炒至有些透明时，往锅中加入低筋面粉，和其他食材[1]一起翻炒均匀，至没有粉感时加入汤料部分的食材，盖上锅盖。大火煮至沸腾时揭开锅盖，转中小火，边搅拌[2]边继续煮至蔬菜软烂。

◉ F. 奶酪增香

将切片奶酪用手撕碎，与盐、黑胡椒粉、西蓝花一同放入锅中略微搅拌，待再次沸腾即可关火出锅。

---

[1] 加些豌豆粒和口蘑口味更佳。
[2] 搅拌这一步在奶油炖菜的制作过程中尤为重要。需时刻关注锅内的情况，及时搅拌以防煳锅。

奶油炖菜

红豆芋圆糖水

芋圆有弹力

制作时间

◉ 3 小时 40 分钟

材料
Ingredients

红豆 … 200 克

冰糖 … 2 颗

西米 … 100 克

仙草粉 … 1 包

红薯 … 150 克

芋头 … 150 克

木薯粉 … 适量

鲜牛奶 … 适量

白砂糖 … 适量

做法
Directions

◉ A. 煮红豆

红豆洗净，加水、冰糖炖煮约 2~3 个小时，直至红豆稍稍软烂的程度。

◉ B. 煮西米

锅中水烧开后，入西米煮 2 分钟，关火，焖 20 分钟，取出过冷水放凉。另起一锅，水烧开后放入西米，再煮大约 6 分钟，直至西米中心没有白点后，捞出过凉水备用[1]。

◉ C. 烧仙草

仙草粉混合凉水，搅拌成没有颗粒的面糊[2]。锅中加水，水沸后转小火，缓缓倒入面糊，不停搅拌，继续加热至沸腾。关火，将仙草糊倒入方形容器，入冰箱冷藏，彻底凝固后切小块备用。

◉ D. 切薯圆和芋圆

红薯和芋头下锅煮熟后去皮，分别碾成泥，加入适量的木薯粉[3]搓成长条状。用刀切成小段，放于碗中边摇晃边再撒些木薯粉。

◉ E. 煮薯圆和芋圆

将薯圆和芋圆下锅煮 3~5 分钟，捞出过冰水，放入糖汁[4]（白砂糖与水的比例为 1：1.5，煮开即可）中备用。

◉ F. 混合糖水

碗中放入薯圆、芋圆、红豆、西米、仙草，倒入鲜牛奶即可。

---

① 煮两遍有利于西米软烂劲道，避免出现中间不熟的情况。

② 仙草的详细做法可参照仙草粉背后的说明。一般仙草粉和水的比例是 3：1。

③ 木薯粉少量即可，太多会导致薯圆和芋圆干裂。

④ 将薯圆和芋圆放入糖汁中备用可防止两者粘连。

红豆芋圆糖水

发酵的魔法 **臭豆腐**

制作时间

◉ **15 分钟**

材料
Ingredients

臭豆腐 … 1 盒
淀粉 … 1 汤匙
小葱 … 适量

调料部分

孜然粒 … 1 汤匙
孜然粉 … 1 汤匙
辣椒粉 … 1 汤匙
辣椒面 … 1 汤匙
白胡椒粉
… 1/2 汤匙
生抽 … 1/2 汤匙
盐 … 1 茶匙
白砂糖 … 1 茶匙

做法
Directions

◉ **A. 炸豆腐**

锅中倒入可没过臭豆腐[①]的油，炸至臭豆腐表面焦黄，捞出备用。

◉ **B. 备料**

将所有调料部分的食材混合到一个小碗中。

◉ **C. 油泼香料**

将少量炸过臭豆腐的油浇至调料碗中。

◉ **D. 熬制卤汁**

另起一锅，加约 700 毫升的水，倒入已被油泼过的调料，煮至沸腾后加入水淀粉勾芡。

◉ **E. 裹汁**

在锅中放入炸好的臭豆腐，当酱汁均匀包裹臭豆腐后立即捞出至干净的碗中[②]。

◉ **F. 撒料**

在臭豆腐上浇一些剩余的酱汁，倒上喜爱的小料，如蒜末、葱花、香菜、辣椒油、香醋等即可。

---

①可以根据自己的喜好，在超市选择购买黑的臭豆腐或白的臭豆腐。
②多余的酱汁还可以搭配炸土豆片、炸时蔬食用。

臭豆腐

虎皮鸡蛋

一半鸡蛋一半肉

制作时间

◉ 50 分钟

材料
Ingredients

鸡蛋 … 2 颗
生姜 … 2 大片
大葱 … 2 段
红辣椒 … 2 个
花椒 … 适量
生抽 … 2 茶匙
老抽 … 1/2 茶匙
冰糖 … 4 颗
小葱 … 适量

肉馅部分

猪肉末 … 200 克
姜汁（不要有姜末）
… 1 茶匙
生抽 … 1/2 茶匙
盐 … 1 小撮
料酒 … 1/2 茶匙
白胡椒粉 … 1 茶匙
油 … 1 茶匙
淀粉 … 1/2 茶匙

做法
Directions

◉ A. 腌肉

混合肉馅部分的食材，抓匀腌制 15 分钟。

◉ B. 煮蛋

锅中倒入可以没过鸡蛋的水，冷水下锅煮蛋。待水沸腾后再煮 2 分钟，捞出鸡蛋[1]，冰水中放凉后剥皮，对半切开，并在蛋表皮划几道口子备用[2]。

◉ C. 炸蛋

将肉馅均匀分为四份，依次与四份鸡蛋捏成完整的鸡蛋模样[3]，再下油锅[4]将鸡蛋表面炸至起虎皮纹，且肉馅表面微焦的程度。

◉ D. 上色

锅中生姜、大葱、红辣椒、花椒爆香，放入鸡蛋，加刚好没过鸡蛋的水，添生抽、老抽、冰糖，盖锅盖熬煮约 10 分钟后捞出盛盘，再撒上适量切好的葱花即可。

---

[1] 煮后的鸡蛋以呈蛋黄半凝固，但不会流动的状态最佳。
[2] 给鸡蛋划几道口子，更有利于炸出虎皮状花纹。
[3] 肉馅的腌制配料中有油和淀粉，因此肉会比较黏稠，跟鸡蛋捏在一起不容易散。
[4] 油越多，虎皮纹的效果出得越快。

虎皮鸡蛋

港味十足 **碗仔翅**

制作时间

⊙ **35 分钟**

材料
Ingredients

干香菇 … 2 颗

黑木耳 … 30 克

鸡胸肉 … 1 块

金华火腿 … 50 克

粉丝 … 30 克

浓汤宝 … 半块

生抽 … 1 茶匙

蚝油 … 1 茶匙

马蹄粉 … 2 茶匙

白胡椒粉 … 适量

做法
Directions

⊙ **A. 备料**

干香菇和黑木耳用水泡开后切丝（泡干香菇的水不要倒掉）。鸡胸肉焯熟后用手撕成细条状。金华火腿切丝。粉丝冷水泡开后切成手指长短备用。

⊙ **B. 熬羹**

锅中放入鸡丝、火腿丝、香菇丝、黑木耳丝、粉丝，倒入泡过干香菇的水，再加些水没过食材，放入半块浓汤宝[1]，倒入生抽和蚝油煮约 20 分钟。

⊙ **C. 勾芡**

马蹄粉[2]加水拌开，倒入羹中勾芡。不断搅拌碗仔翅，待其呈胶状后即可盛出，最后撒适量白胡椒粉即可。

[1] 浓汤宝的味有时会盖过碗仔翅本身食材里的鲜味。如果条件允许，可用三黄鸡、猪骨、金华火腿自行熬煮 5~6 个小时，熬出高汤。
[2] 如果没有马蹄粉，就用普通淀粉代替。

碗仔翅

海的味道，我想知道 **辣炒梭子蟹**

制作时间

◉ **25 分钟**

材料

Ingredients

梭子蟹 … 2 只

料酒 … 1 汤匙

淀粉 … 1 汤匙

大葱 … 1 段

大蒜 … 4 瓣

生姜 … 3 片

红辣椒圈 … 适量

生抽 … 2 茶匙

香醋 … 1 茶匙

水 … 1 汤匙

盐 … 1/2 茶匙

小葱 … 适量

做法

Directions

◉ **A. 处理梭子蟹**

掀开梭子蟹的后盖，顺势打开整个蟹壳，捞出脏物，稍作冲洗。把蟹壳两端的尖端剪掉，再对半剪开蟹壳。掰下大钳，用刀背稍稍敲碎。将蟹身两侧的白色蟹肺剔除，周围脏物冲洗掉，再对半剪开，并沿着蟹脚切成蟹块，最后斜剪掉蟹脚尖[1]。

◉ **B. 腌蟹**

清洗干净的蟹混合料酒与淀粉稍稍腌制。

◉ **C. 炒蟹**

热锅热油，大火，大葱与大蒜爆香后下梭子蟹爆炒[2]。待蟹变色后放入姜片与红辣椒圈，并倒入生抽、香醋调味，添 1 汤匙的水盖锅盖焖 1 分钟，再稍作翻炒后撒盐出锅，最后撒适量切好的葱花即可。

①将蟹壳两端和蟹脚尖都剪一刀，可有效防止拿取蟹的时候扎到手。
②炒蟹一定要大火爆炒，否则时间一长，蟹肉容易散也容易变粉，且失去鲜味。

辣炒梭子蟹

CHAPTER 03

妈妈的味道和街边小炒，
真难抉择啊！

出门在外往往最想念妈妈做的菜肴。有些料理一听名字，就带来家常的感觉，比如炸藕盒、蟹黄豆腐、糖醋肉等。而吃不到"家的味道"，那些看似朴素甚至简陋的街边小炒便成了思念的寄托。

本章所介绍的例如手撕圆白菜、爆炒花蛤、炒米粉这样的菜，不同于精致的西餐和便携的汉堡薯条，食材简单，烹饪的步骤也并不繁复。下厨的人更需要的，是一种"油烟气"，因此这些菜肴的食材量大多没有精确的克数，只有"适量"两个字，需要你自己复制出熟悉的味道。

火够旺，肉够香 葱爆羊肉

制作时间
◉ **10 分钟**

材料
Ingredients

新鲜羊肉 … 300 克

大葱 … 2 根

料酒 … 2 茶匙

生抽 … 1/2 汤匙

水 … 1 茶匙

白砂糖 … 1 茶匙

盐 … 适量

做法
Directions

◉ A. 备料
新鲜羊肉切薄片（可让卖肉师傅先帮忙切好，也可用羊肉卷代替）。大葱斜切成段（葱白葱绿都要）。

◉ B. 炒羊肉
热锅热油，大火，先放入 1/3 量的葱段煸香，然后放入羊肉爆炒。待羊肉变色后，倒入料酒。

◉ C. 葱爆羊肉
继续大火，放入剩余葱段翻炒。待葱段稍软后，加生抽、水、白砂糖快速翻炒①，最后加盐调味后即可出锅。

---

① 葱爆羊肉重在一个"爆"字，因此需要全程大火，快速翻炒。不要让羊肉在锅内停留太久，容易老。

葱爆羊肉

微酸微甜肉滋滋 **手撕圆白菜**

制作时间

◉ **20 分钟**

材料

Ingredients

五花肉 ⋯ 200 克
圆白菜 ⋯ 半棵
大蒜 ⋯ 2 瓣
干辣椒 ⋯ 2 个

酱汁部分

生抽 ⋯ 3 汤匙
蚝油 ⋯ 1 汤匙
醋 ⋯ 1 汤匙
盐 ⋯ 适量
白砂糖 ⋯ 适量

做法

Directions

◉ **A. 处理圆白菜**

圆白菜洗净，手撕成片备用。

◉ **B. 熬油**

五花肉去皮切片，放入锅中煸出油，肉炒
至两面金黄的程度。

◉ **C. 炒圆白菜**

在有五花肉的锅中加入大蒜和干辣椒，倒
入圆白菜炒至稍稍软实的程度。

◉ **D. 调味**

沿锅边倒入酱汁部分的食材，适度翻炒后
出锅即可。

手撕圆白菜

黄金满溢 **蟹黄豆腐**

制作时间
⊚ **15 分钟**

材料
Ingredients

咸鸭蛋 … 3 颗
嫩豆腐 … 半盒
生姜 … 半块
白酒 … 1/2 茶匙
陈醋 … 1/2 茶匙
生抽 … 1/4 茶匙
水 … 150 毫升
淀粉 … 适量
盐 … 1/2 茶匙
小葱 … 1 根

做法
Directions

⊚ A. 豆腐去腥
嫩豆腐切块，入沸水焯一下去除豆腥味，放凉水中备用。

⊚ B. 准备姜汁
生姜切细末，掺少量水混合成姜汁，滤出姜末备用。

⊚ C. 炒蛋黄
咸鸭蛋取出蛋黄，起小火，热锅冷油入锅中，碾碎翻炒，直至出现泡沫。加白酒①、陈醋、生抽、姜汁、水继续烹煮。

⊚ D. 烧豆腐
待水快要沸腾的时候加入豆腐块②，用锅铲轻轻推动（防止碎裂），盖锅盖等待煮开。

⊚ E. 调味
锅中煮沸后加淀粉水勾芡，添盐后盛盘，撒适量切好的葱花即可。

①加白酒味道会更香。如若没有，可用普通料酒代替。
②也可依据口味添些豌豆粒。

蟹黄豆腐

咕噜咕噜圆滚滚 **糖醋肉**

制作时间

◉ 1 小时 20 分钟

材料
Ingredients

猪里脊 … 1 条

盐 … 5 克

油 （没过肉的量）
… 40 毫升

香醋 … 1/2 茶匙

生粉 … 2 汤匙

熟白芝麻 … 适量

酱汁部分

番茄酱 … 3 汤匙

醋 … 1/2 汤匙

洋葱末 … 1/2 汤匙

蒜末 … 1/2 汤匙

糖粉 … 1 汤匙

水 … 适量

做法
Directions

◉ A. 腌肉

猪里脊切片，用盐、油、香醋腌制 1 小时。

◉ B. 裹粉

将腌好的里脊肉片裹上生粉，搓成肉球[1]。

◉ C. 煎炸

锅中油烧至六成热，放入里脊肉球，等煎炸到微微变色后取出备用。

◉ D. 制作糖醋酱

混合酱汁部分的食材，另起一锅，将酱汁熬煮到半透明且冒泡的状态。

◉ E. 炒肉

将肉放入酱汁中轻轻翻炒约 2 分钟，起锅。

◉ F. 撒料

撒上一些熟白芝麻即可。

---

①将里脊肉片搓成球煎炸有利于肉质更为嫩滑，也能令肉与酱汁更为融合。

糖醋肉

肥肉瘦肉在跳舞 **红烧肉**

制作时间
◉ **30 分钟**

材料
Ingredients

五花肉 ··· 500 克
黄酒 ··· 1 汤匙
花椒 ··· 1 茶匙
大葱 ··· 2 段
生姜 ··· 3 大片
大蒜 ··· 4 瓣
冰糖 ··· 3 汤匙
生抽 ··· 3 汤匙
老抽 ··· 1/2 汤匙
香醋 ··· 1/2 汤匙
小葱 ··· 适量

做法
Directions

◉ **A. 备料**
锅中烧开水，加入黄酒，将整块五花肉放入水中煮至变色，捞出切块。

◉ **B. 炒料**
锅中烧热油，放入花椒、大葱、生姜、大蒜，用中火炒香。

◉ **C. 炒肉**
锅中继续放入五花肉，煸至稍稍焦黄后盛出备用。

◉ **D. 着色**
锅中放入冰糖，炒融至焦糖色，倒入之前备用的肉块，微微煸炒后倒入没过肉少许的冷水，加入生抽、老抽、香醋，小火焖煮至少许留汁后，大火收汁，出锅，最后撒适量切好的葱花即可。

红
烧
肉

藕孔透出肉香　炸藕盒

制作时间
◉ **30 分钟**

材料
Ingredients

莲藕 ⋯ 1 节
鸡胸肉 ⋯ 100 克
黑胡椒粉
　⋯ 1/2 茶匙
白胡椒粉
　⋯ 1/2 茶匙
大蒜粉 ⋯ 1/3 茶匙
淀粉 ⋯ 1 茶匙
生抽 ⋯ 1 茶匙
盐 ⋯ 少许
香醋 ⋯ 少许
香菇 ⋯ 1 颗

面糊部分
面粉 ⋯ 25 克
淀粉 ⋯ 1 茶匙
黑胡椒粉
　⋯ 1/2 茶匙
盐 ⋯ 少许

做法
Directions

◉ **A. 备料**
把莲藕切成 5 毫米左右厚的藕片，放入清水中浸泡备用。

◉ **B. 备鸡肉馅**
鸡胸肉切片[1]，撒上黑胡椒粉、白胡椒粉、大蒜粉，加淀粉与生抽，少许盐和香醋，腌制十几分钟。腌后剁成鸡肉末，加入切碎后的香菇丁或其他蔬菜碎[2]，混合成鸡肉馅。

◉ **C. 塞料**
把鸡肉馅厚涂在一片藕片上，然后用另一片藕去夹紧，使得肉馅在挤压下填充满两片藕片的孔洞。

◉ **D. 准备面糊**
面粉加水与淀粉，撒黑胡椒粉和少许盐，调成稍稠的面糊，以可以挂在藕片上不会完全流下来为最佳。

◉ **E. 炸藕盒**
大火，热油，将藕片一个个裹好面糊后下锅油炸，稍微定型后转中火，直至藕片金黄后捞出即可。

[1]鸡肉也可用猪肉代替。
[2]香菇碎和蔬菜碎的用量为肉馅的 1/3 为最佳。

炸藕盒

虽干不柴 干锅花菜

制作时间

◉ 15 分钟

材料

Ingredients

花菜 … 1 棵

五花肉 … 100 克

生姜 … 适量

大蒜 … 适量

料酒 … 1 茶匙

花椒 … 1 茶匙

干辣椒 … 适量

生抽 … 2 茶匙

盐 … 适量

黑胡椒粉 … 适量

做法

Directions

◉ **A. 备料**

花菜洗净，切小朵。五花肉切薄片。生姜
切片，大蒜切末。

◉ **B. 炒肉**

热锅温油，放入姜片和蒜末翻炒，再加入
五花肉片煸炒，添料酒、花椒煸香。

◉ **C. 炒花菜**

待五花肉的油被炒出后，加入花菜翻炒。
添干辣椒、生抽、盐、黑胡椒粉继续翻炒，
直至花菜的水分被炒干即可。

干锅花菜

红红火火 辣子鸡

制作时间

◉ 25 分钟

材料
Ingredients

鸡大腿 ⋯ 200 克

大蒜粉 ⋯ 1 茶匙

生抽 ⋯ 1 汤匙

料酒 ⋯ 1 汤匙

干辣椒 ⋯ 1 大把

小葱 ⋯ 2 根

大蒜 ⋯ 3 瓣

花椒粒 ⋯ 1/2 茶匙

盐 ⋯ 适量

做法
Directions

◉ A. 备料

鸡大腿切块，用大蒜粉、生抽、料酒抓匀腌制 10 分钟。小葱切段，干辣椒去根，大蒜拍扁。

◉ B. 炸鸡肉

锅中烧热油，放入鸡块翻炸，炸至金黄后取出待用。

◉ C. 炒料

锅中放少许油①，小火炒花椒粒、葱段、大蒜，出香味后放干辣椒，辣味出来后，放入鸡肉翻炒几分钟，加少许盐调味后即可出锅。

---

① 为避免鸡肉变柴，炸鸡块的时候油需要量多、温度高。

辣子鸡

红烧胖头鱼

就着汤汁再吃一碗饭吧

制作时间

◉ 15 分钟

材料
Ingredients

胖头鱼块（鳙鱼）
… 2 块
料酒 … 1/2 汤匙
生抽 … 1 汤匙
红辣椒圈 … 适量
冰糖 … 3 颗
淀粉 … 2 茶匙
小葱 … 适量

做法
Directions

◉ A. 煎鱼
用不粘锅热锅温油下鱼块双面油煎，待两面鱼肉变白后倒料酒去腥。

◉ B. 上色入味
倒生抽，加水（鱼块半高的量），撒一部分红辣椒圈，放冰糖，盖锅盖大火焖煮收汁。焖锅过程中可将鱼块翻面一次，或将汤汁浇在鱼块上。

◉ C. 勾芡
转小火，淀粉混水搅拌开，倒入锅内勾芡。起锅后撒适量切好的葱花和剩下的新鲜红辣椒圈即可。

红烧胖头鱼

夜宵种子选手 1 号 **炒米粉**

制作时间
◎ **15 分钟**

材料
Ingredients

猪里脊 … 1 小条
胡萝卜 … 半根
圆白菜 … 1/4 棵
米粉 … 100 克
鸡蛋 … 1 颗
生抽 … 适量
盐 … 适量
鸡精 … 适量
白胡椒粉 … 适量
小葱 … 适量

做法
Directions

◎ **A. 备料**
猪里脊切条，胡萝卜切丝，圆白菜切条，
米粉热水浸泡大约 2~3 分钟。

◎ **B. 炒鸡蛋**
锅中热油，鸡蛋在碗中打散后下锅炒至嫩
黄，取出备用。

◎ **C. 炒料**
利用炒鸡蛋剩余的油翻炒猪里脊，待变色
后放入胡萝卜丝、圆白菜条，炒至断生后
放入炒好的鸡蛋。

◎ **D. 炒米粉**
锅中放入泡开后的米粉[1]，轻轻搅拌与翻炒，
加些生抽、盐、鸡精与白胡椒粉，起锅，
再撒一些切好的葱花即可。

---

[1]选用细的河源米粉最佳。

炒米粉

夜宵种子选手 2 号 **炒面**

制作时间

◉ **15 分钟**

材料 **Ingredients**	**做法** **Directions**

材料
Ingredients

生面条 … 100 克
圆白菜 … 1/4 棵
胡萝卜 … 半根
猪里脊 … 50 克
淀粉 … 适量
生抽 … 1 茶匙
蚝油 … 1 茶匙
色拉油 … 适量
小葱 … 1 根

做法
Directions

◉ **A. 煮面**
生面条锅中放水煮熟后过冰水沥干备用，
并用色拉油拌一拌防止粘连。

◉ **B. 炒配菜**
圆白菜切丝，胡萝卜切细丝（可用切丝工
具）。猪里脊切薄片，加淀粉、1/2 茶匙的
色拉油、1/2 茶匙生抽腌制。锅中放少量油，
大火，热锅，下猪里脊爆炒，后加圆白菜
丝和胡萝卜丝爆炒。

◉ **C. 炒面**
待胡萝卜丝微微软化，加面条爆炒，并添
1/2 茶匙生抽和蚝油调味①，且继续翻炒至
面条和猪里脊微焦，有焦香味散出后盛盘，
撒适量切好的葱花即可。

①无需再加盐。

炒面

烧烤好拍档 # 爆炒花蛤

制作时间

◉ **15 分钟**

材料
Ingredients

新鲜花蛤 ⋯ 700 克

盐 ⋯ 适量

小米辣 ⋯ 6 颗

小葱 ⋯ 4 根

生姜 ⋯ 6 大片

大蒜 ⋯ 6 瓣

香菜 ⋯ 适量

料酒 ⋯ 1 汤匙

生抽 ⋯ 1 汤匙

白砂糖 ⋯ 1/2 茶匙

做法
Directions

◉ **A. 花蛤吐沙**

碗中倒水（半没过花蛤的量），撒适量盐浸泡花蛤，等待 1 小时左右的时间，让花蛤完成吐沙。

◉ **B. 备料**

小米辣切圈，小葱切成葱花，生姜切片，大蒜切末，香菜切段。

◉ **C. 炒花蛤**

热锅热油，下部分蒜末与小米辣爆香后，放入吐沙后的花蛤爆炒。待花蛤微微开口时放入姜片，倒料酒去腥，添生抽、白砂糖，加少量水继续翻炒。

◉ **D. 准备出锅**

待花蛤都开口后，锅中加入剩下的小米辣和蒜末[①]，再翻炒约半分钟的时间，出锅。最后撒上葱花与香菜段即可。

---

①最初入油锅的蒜末和小米辣起爆香的作用，爆炒过程中再次添加则是为了让花蛤的蒜辣风味更加浓郁。

爆炒花蛤

蒜香烤茄子

一筷子撕下整条茄子肉的舒畅

制作时间

◉ **40 分钟**

| 材料
Ingredients | | 做法
Directions |

材料

Ingredients

茄子 … 1 根

油 … 适量

生抽 … 1 汤匙

蚝油 … 1 汤匙

蒜蓉 … 1.5 汤匙

孜然粉 … 1 汤匙

小葱 … 2 根

红辣椒圈 … 适量

辣椒粉 … 适量

做法

Directions

◉ **A. 预烤茄子**

茄子洗净，整根抹上油，置于垫了锡纸的烤盘上，以上下管200℃的温度烤30分钟[1]。

◉ **B. 码料烘烤**

烤熟后的茄子对半剖开，在茄子肉上用刀交叉划拉几下，抹上 1 汤匙的油、生抽、蚝油、蒜蓉[2]，撒上孜然粉、切好的葱花、红辣椒圈、辣椒粉，入烤箱以上下管 200℃的温度再烤 6~7 分钟即可。

---

[1]预先将完整的茄子烤一遍的步骤不可省略。如果直接剖开茄子码料烘烤，茄肉会很硬，佐料也无法很好地入味。

[2]蒜蓉的量一定要足，否则茄子会与红烧的味道相近，少了一股大排档风味。

蒜香烤茄子

CHAPTER 04

不挑食，
吃遍四方

一些人出去旅行，行李箱里总少不了方便面、老干妈辣酱和榨菜，生怕吃不惯当地的食物；一些人却对世界的美食来者不拒，或南或北、或甜或咸都吃得津津有味，他们的胃，不分地域。

本章挑选了几样全国各地代表性的美食，例如重庆的小面、台湾的卤肉饭、南京的鸭血粉丝汤等。每道菜都风味十足，满足一个人囿于厨房，也想吃遍四方的美好愿望。

黯然销魂 叉烧饭

制作时间

◉ 6 小时

材料

Ingredients

梅花肉 … 200 克

生抽 … 2 汤匙

白砂糖 … 40 克

料酒 … 1 汤匙

蚝油 … 1 汤匙

红腐乳 … 1 块

鸡蛋 … 1 颗

青菜 … 1 把

米饭 … 1 碗

做法

Directions

◉ **A. 制作叉烧酱**

将生抽、白砂糖、料酒、蚝油、红腐乳在碗中搅拌均匀，制成叉烧酱。

◉ **B. 处理梅花肉**

梅花肉切片，在密封盒中倒入叉烧酱将肉淹没，放入冰箱腌制 5 小时。

◉ **C. 烤肉**

将腌制后的梅花肉送入预热到 200℃的烤箱，并每隔 10 分钟取出烤箱再刷一遍叉烧酱，反复 2 次，共计 30 分钟。

◉ **D. 摆盘**

鸡蛋煮熟，清水煮一把青菜，叉烧肉切块，全部置于米饭上即可。

叉烧饭

想要腻在一起 **焦糖糖不甩**

制作时间

◉ **30 分钟**

材料

Ingredients

粘米粉 … 40 克

面粉 … 20 克

鲜奶油 … 50 克

黄油 … 15 克

白砂糖 … 120 克

花生米 … 适量

熟白芝麻 … 适量

做法

Directions

◉ **A. 捏团子**

混合粘米粉、面粉和 50 克水，搅拌均匀揉成团，再揪出均匀的小团。

◉ **B. 煮团子**

锅中烧开水，放入小团子，大火煮沸后转小火，加一碗冷水，转大火煮沸。重复加冷水的步骤约 3 次即可盘。

◉ **C. 熬焦糖汁**

准备两口锅①。A 锅内倒入鲜奶油，将鲜奶油加热到 80℃左右并保持住温度②。B 锅内倒入白砂糖，用少许的水使白砂糖能全部浸润，开中火将白砂糖煮至焦糖色。将少许鲜奶油冲入焦糖液中，转小火，再将剩余鲜奶油全部缓慢冲入焦糖液中，轻微晃动锅使其混合得更加均匀。加入黄油和水，搅拌成焦糖汁。

◉ **D. 浇汁**

在团子上浇上焦糖汁。花生米碾碎，和熟白芝麻一同撒在团子上即可。

①选用的锅不可太小。将鲜奶油倒入焦糖液时会冒出很多泡沫并溅出，需要特别小心。

②鲜奶油不要煮沸，也要注意在倒入焦糖液之前其温度需保持在 80℃左右，否则可能会使焦糖液降温导致糖结晶。

焦糖糖不甩

勒是雾都 重庆小面

制作时间

◉ 10 分钟

材料
Ingredients

生面条 … 100 克

小葱 … 适量

花生米 … 适量

汤底部分

辣椒面 … 2 茶匙

花椒 … 10 颗

白砂糖 … 1 茶匙

大蒜 … 5 瓣

生姜末 … 1/2 茶匙

生抽 … 1 茶匙

鸡粉 … 1/2 茶匙

盐 … 1/2 茶匙

香醋 … 1/2 茶匙

做法
Directions

◉ A. 烧汤底

辣椒面与花椒炒香磨粉。白砂糖、大蒜、生姜末、生抽、鸡粉、盐锅中放油炒香，与辣椒料一同混合后，加香醋，添两倍量的水熬开，盛碗中备用①。

◉ B. 烧面

另起一锅，将水烧开，放入生面条，烧至面条无白芯后捞起。

◉ C. 盛盘

将面条放入汤汁中，撒上碾碎后的花生米和切好的葱花即可。

---

①也可直接用小面专属的调料包。

重庆小面

台式经典 卤肉饭

制作时间

◎ **14 小时 40 分钟**

材料
Ingredients

五花肉 … 150 克

大葱 … 20 克

生姜 … 10 克

大蒜 … 1 瓣

冰糖 … 1 汤匙

米酒 … 4 汤匙

生抽 … 3 汤匙

老抽 … 1 汤匙

土豆 … 50 克

青菜 … 1 棵

米饭 … 1 碗

做法
Directions

◎ **A. 预处理五花肉**

米酒（2 汤匙）、生抽（2 汤匙）腌制整条五花肉，并放冰箱冷藏一晚。

◎ **B. 炸料**

锅中放油，放入切段后的大葱①、切成丝的生姜②、整瓣大蒜，炸至焦黄后盛出备用。

◎ **C. 炒肉**

五花肉切成小块，用炸料的油继续翻炒已经腌制过一夜的五花肉，直到出油微焦。

◎ **D. 卤肉炖煮**

锅中加冷水到稍稍没过肉的程度，煮开去沫，加入冰糖、米酒（2 汤匙）、生抽（1 汤匙）、老抽以及炸料，小火慢炖 1 小时 20 分钟。（如果喜欢沙沙的口感，可以另加几小块土豆炖至融化。）

◎ **E. 收汁**

开大火，收汁至想要的浓稠度。

◎ **F. 摆盘**

青菜焯熟。米饭上浇一勺卤肉，配合青菜食用即可。

---

①红葱头替代大葱，口味更佳。
②生姜丝炸后可以有效去除原本的辛辣感，且散发浓厚的焦香。

卤肉饭

一口一个的小甜甜 **迷你满煎爹**

制作时间
◉ **20 分钟**

材料
Ingredients

鸡蛋 … 2 颗

柠檬汁 … 1/2 茶匙

白砂糖 … 3 茶匙

盐 … 1/4 茶匙

普通面粉 … 6 茶匙

松饼粉 … 3 茶匙

熟黑芝麻 … 适量

做法
Directions

◉ A. 打发蛋清

将鸡蛋的蛋清蛋黄分离。在一只大碗中加入蛋清、柠檬汁，打发至硬性发泡，为 A。

◉ B. 处理蛋黄

取另外一只大碗，放蛋黄、白砂糖、盐，搅拌成淡黄色液体，再加入过筛的面粉与松饼粉①，搅拌成蛋黄糊，为 B。

◉ C. 混合蛋液

将 A 分三次加入 B 中（防止消泡），混合成面糊。加的时候需不停搅拌。

◉ D. 煎饼

准备一口平底不粘锅，用厨房纸巾沾少量油涂抹锅面，开小火。取普通的汤匙②，舀一勺面糊，垂直倒在锅中央。待面糊出现小孔，微微浮起，周围已熟时，用锅铲尝试一下面饼是否可以轻松脱锅。

◉ E. 折叠面饼

待面饼可轻松脱锅时，撒适量熟黑芝麻，用锅铲折叠面饼，盛盘，并重复做完剩下的面糊③。

---

①加松饼粉可令面糊更蓬松（甚至可以完全取代面粉），推荐尝试。
②利用汤匙做出来的满煎爹吃起来一口一个，迷你可爱。
③满煎爹本身已有一定的甜度，但仍可以依据自身口味再淋些蜂蜜、枫糖浆等。

迷你满煎爹

在武汉过个早 简易豆皮

制作时间

◉ 20 分钟

材料
Ingredients

春饼 … 1 张

鸡蛋 … 1 颗

糯米 … 100 克

猪肉 … 30 克

胡萝卜 … 1/4 根

香菇 … 1 颗

香干 … 1 块

盐 … 少许

黑胡椒粉 … 适量

生抽 … 1 茶匙

蚝油 … 1/2 茶匙

小葱 … 1 根

做法
Directions

◉ A. 煮饭

糯米煮好备用。

◉ B. 炒配菜

煮饭的同时，将猪肉、胡萝卜、香菇、香干切丁。热锅冷油入肉丁翻炒，后加入胡萝卜丁、香菇丁、香干丁翻炒，加生抽、蚝油、少许盐调味，盛盘备用。

◉ C. 煎春饼

鸡蛋打散。小火，热锅冷油（少许油），单面煎一小会儿春饼。将适量蛋液倒在春饼上，待稍稍凝固后翻面。

◉ D. 码料

继续小火，在春饼上码上糯米饭，撒适量黑胡椒粉。再码上配菜，撒些黑胡椒粉[1]。最后将春饼小心翻面[2]，转大火，用锅铲稍稍压实。

◉ E. 盛盘

盛盘，切成适合入口的四块，撒适量切好的葱花即可。

---

①黑胡椒粉是豆皮的灵魂所在。
②如果配菜散落，可用筷子将其手动塞到糯米饭下。

简易豆皮

留恋于齿间 红糖糍粑

制作时间

◉ 15 分钟

材料
Ingredients

糯米 … 150 克

红糖浆 … 适量

黄豆粉 … 适量

做法
Directions

◉ A. 煮糯米

糯米煮成饭[①]后，不停地翻捣成大糯米团[②]，再用手边沾水边揪成圆球。

◉ B. 浇红糖浆

将红糖浆[③]浇于圆球上，使糍粑被均匀沾湿。

◉ C. 撒黄豆粉

小火炒熟黄豆粉，撒于糍粑上即可。

[①]与蒸的方式相比，煮会令糯米更湿润一些。

[②]依据自己口味，糯米团可保留一些颗粒，也可捣成细腻的团子。

[③]红糖浆可用黑糖浆代替。

红糖糍粑

鸭血粉丝汤

鸭的全身都是宝藏

制作时间

◉ 1 小时 20 分钟

材料
Ingredients

粉丝…2 捆

豆泡…4 个

鸭肠（卤）

…30 克

鸭肝（卤）

…30 克

鸭血…100 克

鸭架…半只

生姜…适量

盐…适量

小葱…适量

白胡椒粉…1 茶匙

做法
Directions

◉ **A. 熬汤**

鸭架洗净，锅中加入能够没过鸭架的冷水，放入适量切好的姜片和葱结，煮开后去沫，并继续中火炖 1 小时左右的时间。

◉ **B. 备料**

另起一锅，将粉丝煮软后捞起，放于碗中备用。豆泡与鸭血切成适口大小。

◉ **C. 配汤**

熬煮完的汤盛出约一大碗的量在新的锅中，加盐调味，待稍稍沸腾后放入鸭血与豆泡，并加白胡椒粉增鲜。

◉ **D. 码料**

将煮好的鸭血豆泡汤倒入放置粉丝的碗中冲开，依次码好卤过的鸭肠、鸭肝，撒上适量切好的葱花①即可。

---

①鸭血、鸭肝、鸭肠以及粉丝、豆泡的量可根据自己的口味与食量进行调整。

鸭血粉丝汤

巷子口桂花飘香 **糖芋苗**

制作时间

◉ **12 分钟**

材料
Ingredients

小芋头 ⋯ 3 个
藕粉 ⋯ 1 包
冰糖 ⋯ 2 颗
食用碱 ⋯ 2 茶匙
干桂花 ⋯ 适量

做法
Directions

◉ **A. 切芋头**

小芋头去皮切成适口小块，并用刀小心地
将边缘削平，使其变成芋头球。

◉ **B. 焯芋头**

冷锅冷水加碱[①]，芋头煮熟后捞出，用流水
清洗再凉透。保留一小碗碱水。

◉ **C. 煮芋头**

锅中放水、冰糖[②]、碱水和放凉后的芋头，
大火烧开，后转小火煮至芋头入味。起锅
前加入藕粉勾芡，起锅后撒些干桂花即可。

①碱可令芋头颜色更红，也利于芋头保持原有的
形状，不会黏黏糊糊的。
②想要糖芋苗的颜色更红，可用红糖代替冰糖。

糖芋苗

一根油条一根葱 **葱包烩**

制作时间
◉ **5 分钟**

材料

Ingredients

春饼（春卷皮）

…6 张

油条 … 1 根

小葱 … 1 把

辣椒酱 … 适量

做法

Directions

◉ **A. 包春饼**

油条切成和春饼差不多的长度。小葱洗净，
葱白葱绿分别切段。摊开春饼，将油条、
葱白、葱绿包在里面。

◉ **B. 煎饼**

热锅，无油，放入包好的春饼，用锅铲两
面按压，煎至微微焦黄的程度即可。

◉ **C. 切饼**

为了美观和方便食用，可以两头切掉一些
饼皮，让葱包烩变成一个规整的长方形。
葱包烩搭配辣椒酱食用即可[1]。

---

[1]辣椒酱也可用甜面酱代替。

葱包烩

外表狰狞，内心柔软 # 狼牙土豆

制作时间

◉ **15 分钟**

材料
Ingredients

土豆…1 大个
油…适量
花椒粉…适量
辣椒粉…适量
孜然粉…适量
孜然粒…适量
熟白芝麻…适量
盐…1/2 茶匙
生抽…1 茶匙
小葱…2 根

做法
Directions

◉ A. 切土豆条

土豆去皮，切厚片，用狼牙切刀（波浪切刀）切条，冷水浸泡大约 5 分钟后，再用自来水冲洗 1 分钟，沥干备用[1]。

◉ B. 炒土豆条

大火，热锅热油（油量无需太多，没过底层土豆条的一半高度即可）翻炒土豆条，直至表面快要微焦的程度[2]。

◉ C. 加料调味

调小火，依据口味撒适量花椒粉、辣椒粉、孜然粉、孜然粒、熟白芝麻，加盐，沿锅边倒入生抽，均匀翻拌。

◉ D. 盛盘

关火盛盘，土豆条上撒切好的葱花（也可用香菜代替）即可。

---

[1]用冷水浸泡与流水冲洗的方式，可去除土豆内的淀粉，使土豆更脆，也不容易粘锅。
[2]如果喜欢脆一点的口感，可以多炒一会儿土豆，至表面微焦的程度；如果喜欢面一点的口感，把土豆炒熟到变为金黄色即可。

狼牙土豆

扣住你的心与胃 **梅干菜扣肉**

制作时间

◉ **3 小时 10 分钟**

材料

Ingredients

梅干菜 … 1 把

五花肉 … 1 条

（约 400 克）

生姜 … 6 片

花椒 … 1 茶匙

干辣椒 … 4 个

老抽 … 1 茶匙

蚝油 … 1 茶匙

淀粉 … 适量

小葱 … 适量

码肉部分

白砂糖 … 2 茶匙

鸡粉 … 适量

酒糟 … 1 汤匙

蚝油 … 1 茶匙

生抽 … 1 茶匙

陈醋 … 1 茶匙

浸泡梅干菜的水
… 1 汤匙

做法

Directions

◉ **A. 处理梅干菜**

梅干菜用水洗过一遍后，放于碗中，加适量的水浸泡 15 分钟后捞出切碎备用。

◉ **B. 汆肉**

整条五花肉扎孔。锅中倒入刚才浸泡梅干菜的水（需要另外预留 1 汤匙）、生姜 3 片，放五花肉煮开，汆至变色即可。

◉ **C. 煎肉**

锅中放油，花椒、干辣椒炒香后捞出，生姜 3 片煸香后放入五花肉，两面煎至微微焦黄后捞出，切成厚度约 5 毫米的肉片，加老抽与蚝油拌匀上色，放一旁待用。

◉ **D. 炒梅干菜**

中火，利用煎五花肉的油对梅干菜进行炒制，令其均匀散开，含有油脂即可。

◉ **E. 码肉蒸肉**

准备一只圆碗，依次码上五花肉片与梅干菜，均匀撒上 1 茶匙白砂糖，再码一组五花肉，撒上鸡粉，添加酒糟、蚝油、1 茶匙白砂糖，最后再码上梅干菜，淋上生抽、陈醋、泡梅干菜的水①，大火蒸 2 小时，转文火焖半小时。

◉ **F. 扣肉**

蒸肉结束后，首先盖上盘子，滤出多余的汁水备用，而后将肉倒扣在盘中。刚才滤出的汁水加入淀粉搅拌均匀，加热成芡状，最后淋在扣肉上，再撒一些切好的葱花即可。

①为防止蒸汽水滴落肉中影响口感，蒸肉的时候可以覆盖一层锡纸。

梅干菜扣肉

CHAPTER 05

大胃王
可不是谁都能当的

一个人点惯了小份的便当和半份的火锅配菜，难道没有一些时刻，想要放纵地"暴饮暴食"吗？难道那些对单身不友好的大分量美食，真的只能无缘，只能与之说再见吗？

本章将挑选出一些"重量级"菜肴，例如鲜虾粥、煮串等，并详细介绍烹饪步骤。一个人吃，也要吃得奢华、吃得豪放。希望有时候胃口大好的你，可以享受到这份大鱼大肉的痛快淋漓。

上手啃才有滋有味 **烤猪脚**

制作时间

◉ **2 小时 40 分钟**

材料
Ingredients

猪脚 … 800 克

生姜 … 2 片

花椒 … 1 汤匙

孜然粉（粒）… 适量

辣椒面 … 适量

大蒜粉 … 适量

鸡粉 … 适量

白胡椒粉 … 适量

熟白芝麻 … 适量

炖肉部分

白砂糖 … 1 汤匙

米酒 … 3 汤匙

生抽 … 3 汤匙

老抽 … 1/2 汤匙

香醋 … 1 汤匙

孜然粉 … 1 汤匙

干辣椒 … 4 个

大葱 … 2 根

八角 … 2 个

香叶 … 1 片

草果 … 1 个

陈皮 … 4 片

做法
Directions

◉ **A. 炒猪脚**

锅中热油，放入切成片的生姜、花椒与洗净的猪脚，炒至猪脚表面微微变色的程度。

◉ **B. 炖猪脚**

将炒好的猪脚同姜片与花椒一起放入电饭锅中，加入没过肉的冷水，并继续添加炖肉部分的食材，盖上盖炖煮 2 小时。

◉ **C. 烤猪脚**

烤箱预热至 180℃，将炖煮后的猪脚放在烤盘上，撒适量孜然粉（粒）、辣椒面、大蒜粉、鸡粉、白胡椒粉、熟白芝麻[1]，完全包裹猪脚后送入烤箱，烤 15~20 分钟即可[2]。

---

[1]如果备不齐这么多调味料，可直接用烧烤料包代替。

[2]猪脚从烤箱中取出后，可以再撒上适量葱花、香菜或蒜末，味道更佳。

烤猪脚

选择恐惧者的友好菜肴 **煮串**

制作时间

◉ **3 小时 30 分钟**

材料	
Ingredients	

鸡胸肉 ··· 适量	**红油部分**
香菇 ··· 适量	生姜 ··· 半个
魔芋丝 ··· 适量	大蒜 ··· 6 瓣
西蓝花 ··· 适量	香叶 ··· 2 片
海带条 ··· 适量	八角 ··· 2 个
土豆片 ··· 适量	花椒 ··· 2 茶匙
藕片 ··· 适量	干辣椒 ··· 5 个
娃娃菜 ··· 适量	辣椒面 ··· 6 汤匙
鸭血 ··· 适量	花椒粉 ··· 2 汤匙
生抽 ··· 2 茶匙	熟白芝麻 ··· 2 汤匙
辣椒面 ··· 适量	
花椒粉 ··· 适量	

做法

Directions

◉ **A. 腌制鸡胸肉**

鸡胸肉竖切成片，用生抽、辣椒面和花椒粉进行腌制。过半个小时后，边捏鸡肉边均匀涂抹 2 茶匙的辣椒面，继续腌 2 小时。

◉ **B. 备料**

将鸡胸肉及其他串串食材切成适口的大小，用长竹签穿好备用。

◉ **C. 熬红油**

生姜切片，大蒜切末。锅中倒油，放入姜片、蒜末、香叶、八角、花椒、干辣椒稍稍油炸后，再加入辣椒面、花椒粉、熟白芝麻小火熬煮 10 分钟[1]。

◉ **D. 烧串串**

将串串食材浸入红油中，加适量水中大火熬煮（期间需要不断将红油汤汁浇到串串上）。待食材都煮熟后，盛出一部分红油汤汁浸泡食材，并在一旁放凉。吃串串之前再撒一些熟白芝麻即可。

---

①如果备不齐这么多食材，可直接买红油料包代替。

煮串

一缕柠檬香 **烤肋排**

制作时间

◉ **30 分钟**

材料
Ingredients

肋排 … 600 克

大蒜 … 5 瓣

盐 … 1 茶匙

橄榄油 … 适量

现磨黑胡椒粉

… 适量

大蒜粉 … 适量

孜然粉 … 3/4 茶匙

干迷迭香 … 1 指长

柠檬（挤汁）

… 1/3 个

柠檬（装饰）

… 2 片

做法
Directions

◉ **A. 处理肋排**

冲洗干净肋排，用厨房纸巾吸干表面水分，再用牙签在表面扎出合适数量的小孔[1]。

◉ **B. 码料一**

烤箱预热 180℃。烤盘铺好锡纸，在中间位置放上肋排，周围码上蒜瓣。将盐均匀撒在肋排两面，涂抹橄榄油后加以按摩，再在肋排两面撒上现磨的黑胡椒粉、大蒜粉。

◉ **C. 码料二**

将肋排肉多的一面朝上，有白色内膜的一面朝下。在肋排正面撒上孜然粉和去叶的干迷迭香，挤上柠檬汁，最后用锡纸将整个肋排包裹住。

◉ **D. 烤肋排**

将肋排送入烤箱中层，180℃烤 6 分钟后取出，打开锡纸，再次送入烤箱中层，200℃烤 5 分钟，再以上管 230℃、下管 200℃的温度烤 5 分钟。

①用牙签在肋排表面扎孔，有利于味道的渗入。

烤肋排

鲜虾粥

鲜糯又暖心

制作时间

◉ 45 分钟

材料
Ingredients

大虾 … 200 克

大米 … 150 克

香芹末 … 1 汤匙

盐 … 适量

白胡椒粉 … 适量

香菜 … 适量

做法
Directions

◉ A. 处理大虾

洗净大虾，分离虾头和虾身。虾头下锅煸出虾油。虾身去虾线，用滚水煮至变色后马上捞出，去壳切块备用。

◉ B. 熬粥

洗净大米，锅中放米加水，滴虾油，中火熬煮约半小时的时间（熬煮过程中不要盖盖子，随时搅拌直至米粒变黏稠）。

◉ C. 调味

粥中加入香芹末与虾块，添加适量盐和白胡椒粉调味，并依据口味放些香菜即可。

鲜虾粥

日本味洋食 日式汉堡肉

制作时间

◎ 30 分钟

材料
Ingredients

洋葱 ⋯ 半个

牛肉碎 ⋯ 350 克

鸡蛋 ⋯ 1 颗

面包糠 ⋯ 30 克

纯牛奶 ⋯ 80 毫升

盐 ⋯ 1 茶匙

料酒 ⋯ 1 汤匙

味淋 ⋯ 1 汤匙

绵白糖 ⋯ 1 茶匙

生抽 ⋯ 1 汤匙

黑胡椒粉 ⋯ 适量

罗勒碎 ⋯ 适量

做法
Directions

◎ A. 炒洋葱

洋葱切成碎丁，入锅翻炒至微微变透明的程度，盛出放凉备用。

◎ B. 准备肉馅

将牛肉碎、放凉后的洋葱碎[1]、鸡蛋、面包糠、纯牛奶、盐、黑胡椒粉混合，用手搅打至黏稠状后捏成肉饼。

◎ C. 煎肉饼

中火热锅，温油状态下放入捏好的肉饼双面煎烤[2]，待两面都变色后倒入料酒，盖上锅盖，小火再煎 5 分钟，盛盘[3]。

◎ D. 熬酱汁

用刚才锅中剩下的油汁混合 2 汤匙的水、味淋、绵白糖、生抽、黑胡椒粉，中小火烧开后浇到肉饼上，再撒些罗勒碎即可。

---

[1]牛肉碎与洋葱碎最好都在室温状态下进行混合，不要一半热，一半冰。

[2]肉饼入锅时可以用手指将中心部分压瘪一些，防止中间的肉不易熟的情况发生。

[3]判断肉饼的生熟，可用一根筷子或牙签戳进肉里的办法。如果没有血水带出，即表示肉已熟。

日式汉堡肉

选老北京还是选墨西哥 **鸡肉卷**

制作时间

◉ **15 分钟**

材料

Ingredients

春饼 ⋯ 2 张

黄瓜 ⋯ 半根

生菜 ⋯ 适量

甜面酱 ⋯ 适量

鸡胸肉 ⋯ 30 克

生抽 ⋯ 1 茶匙

盐 ⋯ 1/4 茶匙

水 ⋯ 1/4 茶匙

面粉 ⋯ 适量

黑胡椒粉 ⋯ 适量

做法

Directions

◉ **A. 炸鸡胸肉**

鸡胸肉切条，加生抽、盐、水腌制。腌好的鸡胸肉沾取面粉与黑胡椒粉的混合物后入锅油炸，炸至金黄酥脆后捞出沥油备用。

◉ **B. 包鸡肉卷**

黄瓜切条，生菜撕成小片。春饼在无油的锅中微煎一下，内侧涂抹一些甜面酱，再包上黄瓜条、生菜片、炸好的鸡胸肉即可。

鸡肉卷

肥瘦相间，糯香油润 # 粉蒸肉

制作时间
◉ 2 小时

材料
Ingredients

蒸肉粉 ⋯ 50 克

五花肉 ⋯ 250 克

老抽 ⋯ 1 茶匙

生抽 ⋯ 1 茶匙

蚝油 ⋯ 1 茶匙

大蒜 ⋯ 8 瓣

白胡椒粉
⋯ 1/4 茶匙

小葱 ⋯ 适量

做法
Directions

◉ A. 清洗蒸肉粉

蒸肉粉用水简单冲洗后，在冷水中浸泡半小时。

◉ B. 腌五花肉

取 4 瓣大蒜磨成蒜泥备用。五花肉切成约 0.5 厘米厚的肉片，与老抽、生抽、蚝油、蒜泥、白胡椒粉[1]混合后腌制半小时[2]。

◉ C. 裹肉、码肉、蒸肉

将洗好的蒸肉粉均匀涂抹在腌制后的肉片上，再将肉片依次码在碗中，且每层都夹上 1 瓣大蒜（大约可以码 4 层）。上锅蒸 1 小时，到瘦肉可以用筷子轻松戳开的程度为止[3]。装盘时撒适量切好的葱花即可。

---

[1]老抽不仅能给肉上色，还带来咸味，因此无需再另外加盐为肉调味。
[2]五花肉一定要提前腌制，帮助入味。
[3]蒸肉的时间一般较长，锅中的水量一定要足；需要时刻关注水位变化。

粉蒸肉

酸甜感的奇妙约会 **番茄披萨**

制作时间

◉ **1 小时**

材料
Ingredients

番茄 … 1/2 个

番茄酱 … 20 毫升

奶油 … 20 毫升

肉桂粉 … 1/3 茶匙

白砂糖 … 1/3 茶匙

盐 … 1/3 茶匙

奶酪粉 … 适量

罗勒或香草碎
… 适量

饼皮部分

水 … 60 克

干酵母 … 2 克

盐 … 5 克

白砂糖 … 5 克

高筋面粉 … 100 克

做法
Directions

◉ **A. 发酵饼皮**

先将盐、白砂糖、高筋面粉混合均匀，再倒入干酵母与水的混合物中，揉成面团，盖上保鲜膜待其发酵至原来的 2 倍大。

◉ **B. 调配酱汁**

番茄酱[①]、奶油、肉桂粉、白砂糖与盐混合均匀。新鲜番茄切薄片备用。

◉ **C. 烤披萨**

发酵后的面团擀成薄圆饼底，用牙签戳一些小孔，涂上番茄酱汁，码上番茄片[②]，撒适量奶酪粉、罗勒或香草碎后送入烤箱，以上下管 180℃ 的温度烤 15~20 分钟即可。

---

①使用更为浓稠的番茄沙司，或自带番茄块的番茄罐头，披萨风味会更加浓郁。

②可以在番茄片上撒一些白砂糖，使其烘烤后变成焦糖，增添风味。

番茄披萨

CHAPTER 06

和剧中主角
吃个同款

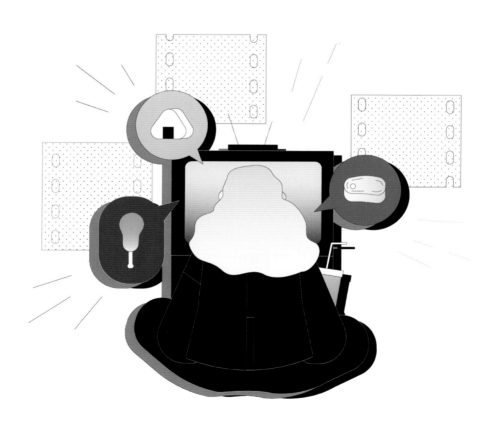

吃饭的时候"看什么"，往往比"吃什么"更为重要。细数下饭的美食剧，《孤独的美食家》、《深夜食堂》和《小森林》等让人学着好好吃饭，而《请回答 1988》里年代感十足的吃饭镜头，则把观众拉回一个肉罐头就很珍贵的从前，充满温情。

本章将重点复制电视剧中的几道经典料理，让剧中的菜肴变为可以自己制作出的、实实在在的美味。

不孤独的美食家 蒜香里脊（《孤独的美食家》改良版）

制作时间

◉ **1 小时**

材料

Ingredients

猪里脊 ⋯ 200 克

大蒜 ⋯ 4 瓣

生抽 ⋯ 2 汤匙

香醋 ⋯ 1/2 汤匙

纯净水 ⋯ 100 毫升

辣椒粉 ⋯ 1 汤匙

日式土豆泥 ⋯ 适量

圆白菜 ⋯ 适量

做法

Directions

◉ **A. 准备酱汁**

生抽、香醋、纯净水混合搅拌成酱汁。大蒜磨成蒜蓉，放一旁备用。

◉ **B. 初处理肉片**

猪里脊洗净，切成手掌心大小的肉片，用刀背轻敲肉面使其变得松软，并在肉片四周开刀口防止卷曲。

◉ **C. 煎肉**

冷锅冷油下肉片，并用筷子将其整齐地铺在锅内。开中火煎约 10 秒，倒入调好的酱汁，待酱汁煮开后将蒜蓉铺于肉上，并撒上辣椒粉。将肉翻面继续煎炸，待酱汁黏稠后即可起锅。

◉ **D. 摆盘**

将起锅后的肉切成适口的大小置于盘中，并浇上锅中剩余的酱汁。按照个人喜好搭配日式土豆泥①、切好的圆白菜丝或米饭一起食用。

①日式土豆泥可以直接从超市购买，或在家自制。自制方法为：

a. 土豆表面划上刀口，放入加有盐水的锅中，煮到筷子能轻松戳入的程度。

b. 剥去土豆皮，碾碎土豆（但可以保留适当的土豆块来增加口感）。

c. 土豆中撒些黑胡椒粉，加入煎过的火腿粒、黄瓜薄片、盐水浸泡过的胡萝卜片，混合适量的蛋黄酱，搅拌成泥即可。

蒜香里脊

双蛋带来双份可爱 **姜汁猪肉煎蛋盖饭**（《孤独的美食家》改良版）

制作时间

◉ **45 分钟**

材料

Ingredients

大米 … 适量

猪里脊 … 100 克

生姜 … 大半个

水 … 适量

生抽 … 1.5 汤匙

味淋 … 1/2 汤匙

白砂糖 … 1/2 茶匙

青椒 … 半根

鹌鹑蛋 … 2 颗

圆白菜 … 适量

红姜片 … 适量

做法

Directions

◉ **A. 磨姜汁**

生姜去皮，磨成姜泥，掺 2 茶匙水混合成姜汁备用。

◉ **B. 腌制猪里脊**

姜汁混合生抽、味淋、白砂糖调成酱汁。猪里脊切成中等厚度的肉片，在酱汁中浸泡约 20 分钟的时间。

◉ **C. 煎肉**

青椒切片。准备一口平底锅，中火热油，放入肉片双面煎至变色，再倒入刚才腌肉的酱汁，加入青椒片继续油煎，直至汁水被完全吸收。

◉ **D. 码料**

鹌鹑蛋煎到半熟的程度[1]，圆白菜切丝，大米煮熟。在米饭上整齐码好猪里脊肉片、青椒片、切好的圆白菜丝、红姜片、煎蛋。食用时戳开蛋黄，与其他配菜一同搅拌即可。

---

① 《孤独的美食家》中，这道料理用了两个大鸡蛋制作双蛋黄的煎蛋。如果觉得两个鸡蛋负担太重，可以同此食谱，用鹌鹑蛋代替。

姜汁猪肉煎蛋盖饭

可乐饼里没可乐 **可乐饼**

制作时间

◉ **35 分钟**

材料
Ingredients

土豆 … 500 克

盐 … 1 汤匙

紫洋葱碎 … 75 克

猪肉末 … 100 克

黑胡椒粉 … 适量

白砂糖 … 1/3 汤匙

生抽 … 1 汤匙

沙拉酱 … 适量

面粉 … 适量

鸡蛋液 … 适量

面包糠 … 适量

番茄酱 … 适量

圆白菜 … 适量

做法
Directions

◉ A. 处理土豆

在锅中加入能没过土豆的冷水并撒盐。土豆洗净，在中部统一划一圈浅刀口，进锅煮至能被筷子轻松插入的程度后捞出，并在凉水中去皮。

◉ B. 制作肉馅

另起一锅，锅中倒少许色拉油（或黄油），放入紫洋葱碎翻炒至香味散出后，加入猪肉末。当猪肉末呈微微焦黄的状态时，撒上黑胡椒粉和白砂糖，倒入生抽，稍稍炒拌后起锅备用。

◉ C. 制作土豆泥

去皮的土豆稍稍碾碎，放入猪肉末与沙拉酱后搅拌成泥①（细腻程度可根据个人喜好调整）。

◉ D. 炸饼

将土豆泥捏成手掌大小、约 2 厘米厚的饼，依次裹上面粉、鸡蛋液、面包糠。锅中倒入约 3 厘米深的油，大火热油，待油热至筷子浸入有气泡产生时，转中火，放入饼油炸，炸至表面焦黄后出锅。

◉ E. 摆盘

炸好的可乐饼置于盘中，挤上番茄酱，再放一些切好的圆白菜丝即可。

---

①土豆泥中的配菜可按照个人喜好调整，比如加热后能够拉丝的奶酪。但由于可乐饼在锅中油炸的时间较短，因此配菜最好都选用熟食，以避免生的食材无法熟的尴尬情况发生。

可乐饼

日本宫崎县的家常料理 # 鸡肉南蛮渍

制作时间

◉ 1 小时 20 分钟

材料
Ingredients

鸡大腿 … 1 只

盐 … 1.5 茶匙

蚝油 … 1 茶匙

生姜 … 1 片

柠檬 … 1 片

黑胡椒粉 … 适量

鸡蛋 … 1 颗

大蒜粉 … 适量

面粉 … 适量

圆白菜 … 适量

圆白菜 … 适量

罗勒碎 … 适量

南蛮汁部分

味淋 … 1 茶匙

蚝油 … 1/2 茶匙

日式酱油 … 1 茶匙

醋 … 1 茶匙

甜面酱 … 1 茶匙

水 … 适量

塔塔酱部分

蛋黄酱 … 100 毫升

熟洋葱碎 … 30 克

水煮蛋（切碎）… 1 个

酸黄瓜碎 … 适量

柠檬汁 … 少许

蜂蜜 … 1 茶匙

黑胡椒粉 … 少许

欧芹碎 … 少许

酸奶 … 1 茶匙

盐 … 少许

做法
Directions

◉ **A. 腌制鸡肉**

鸡大腿[①]去骨切分为同等大小的两块。准备一只大碗，加入能够没过肉的水、盐、蚝油、生姜片、柠檬片、黑胡椒粉，浸泡腌制鸡大腿1小时[②]。

◉ **B. 油炸鸡肉**

在一只大碗中将鸡蛋打散。用厨房纸巾将腌制后的鸡肉表面的水分稍稍吸干，再撒上适量黑胡椒粉与大蒜粉，裹上面粉。大火热锅热油，待筷子插入有气泡产生时，将鸡肉裹一层蛋液后放入，炸至稍稍定形后转中火，等鸡肉呈金黄色时捞出沥油。

◉ **C. 调南蛮汁**

将南蛮汁部分的食材混合煮开。把炸好的鸡肉块浸于南蛮汁中。

◉ **D. 制作塔塔酱**

将塔塔酱部分的食材混合并搅拌均匀。

◉ **E. 摆盘**

盘中放置鸡块与切好的圆白菜丝，浇上塔塔酱，撒适量罗勒碎即可。

①鸡腿肉或鸡胸肉皆可。
②用盐水浸泡鸡肉，能令其更多汁。

鸡肉南蛮渍

入夏后，小河边的风 **洋葱醋腌炸鱼** （《小森林》改良版）

制作时间

◉ **12 小时 20 分钟**

材料

Ingredients

小黄鱼 … 4 条

高汤 … 1 小碗

胡萝卜 … 1/4 根

洋葱 … 1 小块

醋 … 3 茶匙

生抽 … 1 茶匙

白砂糖 … 1 茶匙

面粉 … 适量

做法

Directions

◉ **A. 准备醋汁**

高汤[1]中加醋、生抽、白砂糖煮开备用。

◉ **B. 炸鱼**

鱼去除内脏并洗净，用厨房纸巾吸干水分。
把鱼内外都裹上面粉，轻轻抖去多余的粉
后入热油油锅中油炸（油量须没过鱼），
炸后取出，放于厨房纸巾上吸油备用。

◉ **C. 腌鱼**

胡萝卜与洋葱切丝，和炸好的鱼一同泡在
醋汁中[2]，覆上保鲜膜，放冰箱一晚[3]。第
二天将鱼从冰箱取出，配合米饭直接食用
即可。

[1]如果嫌熬煮高汤麻烦，可直接使用浓汤宝。
[2]可把一些胡萝卜丝与洋葱丝放到鱼上，完全覆
盖住鱼身。
[3]鱼腌渍一两个小时后其实就能吃，但冷藏过夜
后味道更佳。

洋葱醋腌炸鱼

草莓大福

收集满满的福气

制作时间

◉ **4 小时**

材料
Ingredients

草莓 … 5 大颗

红豆 … 100 克

水 … 300 克

冰糖 … 100 克

糯米粉 … 100 克

红薯淀粉 … 1 汤匙

绵白糖 … 1/2 茶匙

盐 … 1/5 茶匙

牛奶 … 130 克

淀粉 … 100 克

做法
Directions

◉ A. 煮豆沙

红豆洗净泡水一晚后，加水和冰糖炖煮 2~3 个小时，直至水被完全煮干。捣一下软烂的红豆，使其拥有细微颗粒感成为豆沙①，再用保鲜膜包好放入冰箱冷藏备用。

◉ B. 准备糯米皮

在一个碗中将糯米粉、红薯淀粉、绵白糖、盐、牛奶混合搅拌，覆保鲜膜上锅蒸熟，蒸完再用力搅打均匀②，最后另取一张干净的保鲜膜③包住糯米皮料备用。

◉ C. 热熟淀粉

等待糯米皮蒸熟的同时，利用微波炉加热或锅中小火炒制的方法，将淀粉热熟。

◉ D. 包草莓

新鲜草莓洗净、去蒂、擦干。将豆沙均匀分成 5 份，用手团圆后压扁，圆心对准草莓蒂底往上推裹直至均匀裹住整个草莓。接下来将糯米皮料也均匀分成 5 份，稍稍揉搓成团后压扁，双手沾满熟淀粉，从草莓头（尖）部从上往下包裹豆沙馅，直至完全覆住即可④。

①在豆沙里（刚煮好的时候）加入一点淡奶油，可令豆沙口感更为醇厚，且带着淡淡的奶香。
②用力搅打蒸熟后的糯米皮料，可使其更为柔软且富有弹性。
③搅打糯米后再次包上保鲜膜，可有效避免糯米因与空气接触时间过久而变硬。
④可根据草莓的具体个数适当调整食材用量。

草莓大福

韩国街头的 辣炒年糕

制作时间

◉ 10 分钟

材料

Ingredients

韩式年糕条 … 1 包
鸡蛋 … 1 颗
韩式辣酱 … 2 汤匙
沙拉酱 … 1 汤匙
马苏里拉奶酪丝
… 适量
盐 … 少许

做法

Directions

◉ A. 煮蛋

冷水锅中撒少许盐，放入鸡蛋（水量刚好没过鸡蛋即可），大火煮开水后转小火煮 4 分钟，捞出鸡蛋浸于冰水中。待不烫手后剥去蛋壳，用切蛋器切成鸡蛋片备用。

◉ B. 煮年糕条

冷水锅中放入年糕条，煮开后加韩式辣酱[1]搅拌均匀，并继续煮至年糕条软糯，调小火。用冷水将沙拉酱和开[2]，沿锅边倒入年糕汤中。

◉ C. 装盘

待酱汁变黏稠时即可出锅装盘。在年糕条上撒些马苏里拉奶酪丝，码上鸡蛋片即可。

---

[1]也可直接使用年糕条商品附送的辣酱包。
[2]沙拉酱能为年糕增加甜甜的口感，但不可直接倒入，容易结块。

辣炒年糕

烤肉店明星 韩式南瓜羹

制作时间

◉ **30 分钟**

材料
Ingredients

南瓜 … 300 克

糯米粉 … 50 克

冰糖 … 5 颗

盐 … 1/2 茶匙

苹果汁 … 80 毫升

做法
Directions

◉ A. 备料

南瓜洗净、去皮、去籽后切小块备用。糯米粉冲水兑开。

◉ B. 搅拌南瓜

分次均匀混合南瓜块与糯米粉，加少量水后用搅拌机搅成泥状[①]。

◉ C. 煮南瓜

南瓜泥再次加水、冰糖、盐，放锅中大火煮开后转中火，最后加苹果汁再煮约 5 分钟的时间即可[②]。

---

①南瓜搅拌后再煮，口感会更加细腻。

②加盐与苹果汁能令南瓜羹不会过度甜腻，口感更佳。

韩式南瓜羹

自由自在的组合 **韩式什锦拌饭**

制作时间

◉ **30 分钟**

材料

Ingredients

大米 ⋯ 适量

大蒜 ⋯ 4 瓣

绿豆芽 ⋯ 1 把

辣椒面 ⋯ 适量

香油 ⋯ 适量

盐 ⋯ 适量

菠菜 ⋯ 1 把

鲜香菇 ⋯ 2 颗

海苔 ⋯ 2 片

猪肉丝 ⋯ 50 克

生抽 ⋯ 1/2 茶匙

淀粉 ⋯ 适量

鸡蛋 ⋯ 1 颗

韩式泡菜 ⋯ 适量

韩式辣酱 ⋯ 2 汤匙

熟白芝麻 ⋯ 适量

做法

Directions

◉ **A. 煮饭**

将大米提前煮熟。

◉ **B. 备料**

大蒜磨成蒜泥备用。绿豆芽焯熟，与辣椒面、香油、蒜泥、少许盐搅拌均匀。菠菜焯水（水中滴几滴香油），用手挤掉水分（不要挤太干），与少量蒜泥搅拌后切段备用。鲜香菇切片，入锅简单翻炒，加少许盐调味。海苔剪成细条备用。猪肉丝用生抽、少许盐、一指甲盖大小的淀粉、1/2 茶匙的色拉油腌制后，入锅翻炒，熟后盛出备用。

◉ **C. 煎蛋**

另起一锅，将鸡蛋煎成荷包蛋。

◉ **D. 码料**

在米饭上整齐码好绿豆芽、菠菜段、香菇片、猪肉丝、韩式泡菜、海苔条，舀上韩式辣酱，撒上适量熟白芝麻，搅拌后食用。

韩式什锦拌饭

手心的温度 **核桃饭**（《小森林》改良版）

制作时间
◉ **20 分钟**

材料
Ingredients

大米 … 150 克
核桃仁 … 30 克
味淋 … 1/4 茶匙
生抽 … 1 茶匙

做法
Directions

◉ **A. 煮饭**
淘好的生米中加入碾成碎末的核桃仁[①]、味淋、生抽，用电饭锅煮熟[②]。

◉ **B. 捏饭团**
用保鲜膜包裹煮好的核桃饭，双手捏成三角饭团的形状后撕去保鲜膜即可。

[①]可依据口味喜好自行调整核桃仁的细碎程度。核桃仁手动碾碎或用料理机打碎皆可。
[②]味淋可用料酒或米酒代替。

核桃饭

◉ 本书索引
INDEXES

B to K

L to Z

WHERE TO BUY

食帖出版物零售名录

WEBSITE · 网站 ·

亚马逊 / 当当网 / 京东
文轩网 / 博库网

TMALL · 天猫 ·

中信出版社官方旗舰店
博文图书专营店
墨轩文阁图书专营店 / 唐人图书专营店
新经典一力图书专营店
新视角图书专营店 / 新华文轩网络书店

BEIJING · 北京 ·

三联书店 / Page One / 单向空间
时尚廊 / 字里行间 / 中信书店
万圣书园 / 王府井书店 / 西单图书大厦
中关村图书大厦 / 亚运村图书大厦

SHANGHAI · 上海 ·

上海书城福州路店 / 上海书城五角场店
上海书城东方店 / 上海书城长宁店
上海新华连锁书店港汇店
季风书园上海图书馆店
"物心"K11店(新天地店)
MUJI BOOKS上海店

GUANGZHOU · 广州 ·

广州方所书店 / 广东联合书店
广州购书中心 / 广东学而优书店
新华书店北京路店

SHENZHEN · 深圳 ·

深圳西西弗书店 / 深圳中心书城
深圳罗湖书城 / 深圳南山书城

JIANGSU · 江苏 ·

苏州诚品书店 / 南京大众书局
南京先锋书店 / 南京市新华书店
凤凰国际书城 / 常州半山书局

ZHEJIANG · 浙江 ·

杭州晓风书屋 / 杭州庆春路购书中心
杭州解放路购书中心 / 宁波市新华书店

HENAN · 河南 ·

三联书店郑州分销店 / 郑州市新华书店
郑州市图书城五环书店
郑州市英典文化书社

GUANGXI · 广西 ·

南宁西西弗书店 / 南宁书城新华大厦
南宁新华书店五象书城

FUJIAN · 福建 ·

厦门外图书城 / 福州安泰书城

SHANDONG · 山东 ·

青岛书城 / 青岛方所书店
济南泉城新华书店

SHANXI · 山西 ·

山西尔雅书店
山西新华现代连锁有限公司图书大厦

SHAANXI · 陕西 ·

曲江书城

HUBEI · 湖北 ·

武汉光谷书城 / 文华书城汉街店

HUNAN · 湖南 ·

长沙弘道书店

TIANJIN · 天津 ·

天津图书大厦

ANHUI · 安徽 ·

安徽图书城

JIANGXI · 江西 ·

南昌青苑书店

HONGKONG · 香港 ·

香港绿野仙踪书店

YUNNAN GUIZHOU · 云贵川渝 · SICHUAN CHONGQING

成都方所书店 / 重庆方所书店
贵州西西弗书店 / 重庆西西弗书店
成都西西弗书店 / 文轩成都购书中心
文轩西南书城 / 重庆书城
重庆精典书店 / 云南新华大厦
云南昆明书城
云南昆明新知图书百汇店

THE NORTHEAST · 东北地区 ·

大连市新华购书中心
沈阳市新华购书中心
长春市联合图书城 / 长春市学人书店
新华书店北方图书城
长春市新华书店 / 哈尔滨学府书店
哈尔滨中央书店 / 黑龙江省新华书城

THE NORTHWEST · 西北地区 ·

甘肃兰州新华书店西北书城
甘肃兰州纸中城邦书城
宁夏银川市新华书店
新疆乌鲁木齐新华书店
新疆新华书店国际图书城

AIRPORT · 机场书店 ·

杭州萧山国际机场中信书店
福州长乐国际机场中信书店
西安咸阳国际机场T1航站楼中信书店
福建厦门高崎国际机场中信书店